让孩子看懂世界的动物故事

海洋两极遇见你

《让孩子看懂世界》编写组 编著

石油工业出版社

万物有灵且美。那些消失在历史中的史前怪兽，那些微小却重要的小虫子，那些国家珍稀保护动物，那些作为家庭伙伴的小宠物，还有那些生活在天空中、地底下、海洋里的野生动物们，它们的生活，是那么神秘、那么有趣，构成了一个不同于人类社会的世界。

作为一起生活在地球上的伙伴，我们对它们又有多少了解呢？现在，打开这本书，让我们了解一下，这些迷人又可爱的大家伙和小家伙吧！

目录

第1章 水中的精灵

第 2 章　两极的原住民

第 1 章

水中的精灵

有趣的鲸鱼

鲸鱼，是鲸的俗称，鲸的外形看上去虽然像"鱼"，但它们并不是真正的鱼，而是哺乳动物。鲸鱼生活在海洋中，是现在世界上体形最大的一类动物。

鲸鱼的海中生活

在漫长的物种演变中，鲸鱼这种海洋哺乳动物的前肢形成了鳍，后肢则完全退化，尾巴变成了尾鳍。鲸鱼的鼻孔长在头顶上，同时用肺来进行呼吸。

鲸鱼主要分为两类，一类是长有牙齿的齿鲸，如抹香鲸、虎鲸等；另一类是没长牙齿而长有鲸须（由巨大的角质薄片构成，像门帘一样从上颚垂下，上面长有刚毛，可以过滤海水，把食物留在嘴里）的须鲸，如蓝鲸、大翅鲸等。

多数巨型鲸类以鱼类、磷虾等为食物。同时，鲸类的食谱也包括其他海洋哺乳类动物（如海豹）、软体动物（如章鱼）等。

吃饱喝足后，鲸会浮到海面呼吸新鲜空气。浮出水面的时候，鲸会先呼气，这种呼气会造成一种喷泉式效果，在鲸的头上形成一层水雾。小型鲸的喷气效果短促低矮，而大型鲸的喷气效果则十分壮观，有些环境下甚至还能形成彩虹。鲸可以长时间在海洋中潜游，这是因为它们对二氧化碳有高度的耐受性，还可以自行关闭"鼻孔"——喷气孔的外开口。喷气孔一般在鲸的头顶附近，不同种类的鲸其位置也不同。鲸在潜水前，会关闭喷气孔。

鲸还喜欢和同伴、其他动物玩耍，如人类、海龟、海鸟等。有时候，它们会互相追逐，或者集体跃出海面。这种玩乐或许带有物种社交的属性。

蓝鲸：地球第一巨兽

蓝鲸，可以说是地球上目前已知的最大的动物，可称为地球第一巨兽。它曾有体重 190 吨、体长 33 米的纪录。

蓝鲸长着一个"大头"，它的头约占体长的四分之一。蓝鲸不仅头大，它的鲸须在所有须鲸中也是最长的，一般长度能够达到约 1 米，宽度也有半米左右。

蓝鲸的体色，从名字里的"蓝"字就有所体现了，整体来说一般会呈现蓝灰色，不同个体的体色也会有或深或浅的不同。

蓝鲸的腹部一般呈现黄色或芥末色。其实，这种颜色并不是蓝鲸真正的体色，而是因为它的腹部附着了一种偏褐色的藻类——硅藻，这才导致了变色，因此蓝鲸也被称为"磺底鲸"。

鲸落

　　当一头鲸在海洋中死亡，它的尸体最先引来的是嗅觉敏锐的鲨鱼。在鲨鱼等各种鱼类大快朵颐之后，剩余的鲸尸会慢慢地沉到海底，直到触到最底端，"定格"在那里。它的肉、脂肪、内脏等，成为各种海洋生物的食物。例如，蠕虫、盲虾会附着在此处吃喝，而这类鱼虾又会成为别的海洋生物的食物。鲸的骨头也会被一些细菌吃掉，而吃饱喝足的细菌会产生一种叫作"硫化氢"的物质，这种物质又被其他海洋生物转化为能量。

　　鲸，用它生命的结束，完成了一场伟大的生物活动。整个过程被称为"鲸落"。一些巨型鲸尸产生的供养功能，甚至能维持百年之久。

　　　　　　所以有"一鲸落，万物生"的说法。

巨鲸一族——抹香鲸

鲸的种类非常多，它们都有自己的形态，也有自己的故事。

19世纪，美国作家赫尔曼·梅尔维尔写了一本书——《白鲸》。这本书被称为"捕鲸业的百科全书"。故事并不复杂，就是一个船长为了捕捉一头白色抹香鲸，费尽周折，最终与其同归于尽的故事。

　　因为使它如此有别于其他抹香鲸的，在很大程度上倒不是它的特大的躯干，而是在别处已经提到的——它的特别的有皱纹的雪白脑门子和一个金字塔形的白而高的背峰。这些才是它的特异之处，也是它在无边无际、地图上没有标出的海洋中老远就向认得它的人显露它自身的标记。

它的身体的其余部分布满了条纹、斑点以及跟它的身躯同样颜色的大理石纹，因而到后来它得了"白鲸"这个特别称号。看它在正午时分滑行在深蓝色的海面，身后留下一道奶酪似的泡沫的银河般的轨迹，在阳光下闪耀着金光，这时你就会觉得这称号和它的生动的形象名副其实，再贴切不过了。

然而使这头鲸鱼令人望而生畏的主要不是它异乎寻常的伟岸身躯，也不是它令人瞩目的颜色，也不是它伤残的下巴，而是它在攻击猎捕人时一而再地表现出来的无与伦比的乖巧又歹毒的心计，这是有确切案例可查的。尤为可恨的是它的那种奸险的退却，这种退却比起其他动作来也许更令人为之丧胆。在得意扬扬的追捕者面前泅过时，它装出一副担惊受怕的模样，可是有好多次它突然掉过头来扑向追捕人，不是把他们的小艇打得粉碎，便是赶得他们气愤难消地逃回船上去。

追捕它的人中已有好几个丧了命，可是类似的惨剧在岸上极少传开，而在捕鲸业中算不得有什么特别之处；但在大多数场合下，它咬断了人的胳膊腿或要了人命以后，人还不完全以为自己遭的是一种无灵性力量的打击，这正是白鲸凶残的罪恶的预谋。

——《白鲸》［美］梅尔维尔著，成时译

书中虽然用的都是"白鲸"，实则是"白色抹香鲸"，白鲸和抹香鲸是两种不同的鲸。

抹香鲸一般都生活在深海，正常情况下它们不会出现在海岸一带，它们的食物主要是乌贼。

抹香鲸的体型差异很大，一般来说，体形最小的是侏儒抹香鲸（一般体长2.1～2.7米，体重135～275千克），和侏儒抹香鲸长相类似但体形稍大一些的是小抹香鲸（一般体长2.7～3.4米，体重315～400千克），而体形最大的抹香鲸则是另一个量级，成年抹香鲸体长可达11～18米，刚出生就约1吨重，成年后可达20～50吨。

抹香鲸一般群居生活，但是有些老年的雄性抹香鲸会选择独居。如同《白鲸》一书中提到的那只"白鲸"，抹香鲸是遭到严重滥捕的鲸类之一。

白鲸：鲸中口技者

　　白鲸看上去憨态可掬，它的个头不是很大，完全不能跟抹香鲸、蓝鲸、大翅鲸这一类巨鲸比较，它的外貌看上去更像我们非常熟悉的海豚。它的额头圆溜溜的，像个"寿星公"，它有一个十分好辨识的特征，那就是浑身雪白。

白鲸的性格可爱温和，只要与它保持安全距离，它不会轻易做出什么攻击性的行为。白鲸看上去更像一个好奇宝宝，对什么事情都充满好奇心，也充满小孩子一样的玩性。如果有海鸥在海面上停留，它就会游过去，拿嘴巴轻轻地"咬"对方，它不是真的咬，更多是为了逗对方玩。有时候，它还会在水里吐泡泡，吐出来的圆形泡泡像甜甜圈一样。

　　中国清朝的林嗣环有一篇名为《口技》的文章，里面写了口技者模仿各种声音的场景。而"鲸中有善口技者"，非白鲸莫属了。

　　白鲸喜欢模仿很多声音，或者说，它发出的很多声音类似孩子的哭声、哨笛的声音、牛叫的声音等。或许，它们是在对话，或许只是这个贪玩的小淘气在自娱自乐。白鲸这种拥有孩子秉性的生物，值得我们爱护和保护。

"飞"在海面上的大翅鲸

　　大翅鲸，也称为"座头鲸"。大翅鲸的尾鳍相当好辨认，边缘有不规则的锯齿状，中央有明显的凹刻。它的头顶和下颚还长着很多突出的节瘤。

　　从活动范围来说，大翅鲸会有季节性的"迁徙之旅"。夏天，它会留在低纬度的温水海域繁殖；冬天，它会去高纬度的冷水海域觅食。

　　大翅鲸，最大的特点就是有如同鸟类翅膀一样的前翅。大翅鲸还有一个特点，就是很喜欢跃出海面，一瞬间如同"飞"在海面上一样。

　　有时候，大翅鲸会飞跃出来，然后用前翅击打出浪花，再回到水中；有时候，当它落入水中的时候，又会用尾巴去击打水面。最有意思的是，它有时候还会直接在空中转身，整个身体撞击在海面上，溅起巨大的浪花。还有时候，可能是一头母鲸带着它的孩子一起玩，鲸妈妈翻身出海面，孩子在后头跟着学。

藤壶

　　藤壶是一种节肢动物，远远地看上去，藤壶就像一个有花纹的灰褐色石头，它常常会吸附在船底或者海洋动物身上。一般一两个藤壶不会有什么问题，但是，当藤壶的数量多起来，对于海洋生物来说就是噩梦。有些海龟被人发现的时候，身上附着了很多藤壶，甚至比它自身的重量都要重，这严重影响了海龟的活动。巨大的鲸，也是藤壶吸附的好选择。大翅鲸的下巴和前翅上一般都会有很多藤壶，密密麻麻的，让人看了身上发寒。

"水中大熊猫"——虎鲸

　　有一种鲸被称为"水中大熊猫"，一是说它的珍稀度，二是说它身上如熊猫一样也是黑白二色。

　　它就是虎鲸。

　　虎鲸的体表有黑白斑，这些斑纹如同人类的指纹一样各不相同。虎鲸背鳍的弧度也各异，而且，虎鲸的背鳍还可以用来分辨雌雄，相对雌虎鲸低矮的背鳍，雄虎鲸的背鳍犹如一座山峰一样高高耸立。

　　如果只是看虎鲸外形，或者只是听它发出的"嘤嘤嘤"声，你会觉得这是一个十分可爱的家伙。

　　但是，它还有一个外号——杀人鲸，这个称号不是说它随时随地都会攻击人类，相反，它对人类相对友好。杀人鲸这个称呼是因为它对猎物的捕杀残忍而利落。

　　当虎鲸成群结队攻击猎物的时候，攻击力十分强大，堪称海上一霸。它们的猎物小到企鹅、海豚，大到其他鲸、鲨鱼。当它用锋利的牙齿撕咬猎物时，当它和同伴一起发动攻击时，当海水因为虎鲸的狩猎而染红时，我们才会领略到虎鲸可爱外表下的霸道性格。

"52 赫兹的鲸"

20世纪80年代，美国海军无意中录下很多鲸类的声音，他们把录音交给专家研究。有一个专家发现了一个奇怪的声音，因为鲸鱼发出的声音只有十七八赫兹，而他发现的声音竟然高达52赫兹。

这也就意味着，如果发出52赫兹声音的真的是一头鲸，那么，对于同伴来说它就是一个哑巴，因为它发出的声音，它的同伴们都听不见。也有一些人质疑，这个所谓的52赫兹声音根本就不是某种鲸发出的，而是来自深海的其他声音。

关于这头"52赫兹的鲸"，还有很多争议。有人说，它是世界上最孤独的鲸，因为它没办法和同伴对话，没有同伴能听到、听懂它的歌声。有人说它是自由的，独来独往地畅游大海。这头"52赫兹的鲸"，人类自始至终都没有见到过它的真身，所有对它的认识只是一种浪漫的猜想。

带着壳的小·家伙

在水底世界，生活着一群带着壳的小家伙，有从沙滩徐徐而来的小海龟，有刚换了新"家"的寄居蟹，还有正在艰难产"珠"的蚌类，等等。

走向大海的小海龟

海龟，是海洋龟类的统称，存在的时间可追溯到 2 亿年前。如今，它们穿着保护身体的壳自由自在地遨游在海洋中，吃小鱼虾或者水母。海龟壳的颜色和礁石相似，因此在较远距离下不容易被发现。

到了繁殖季节，海龟妈妈会爬到岸边的沙滩上，选一个自己中意的地方，用两只前爪刨出一个沙坑，然后在里面产卵，产完卵再细心地将沙子覆盖在那些卵上。海龟妈妈做完这一切，就像什么事情都没有发生过一样，朝着海里爬去。它们并不会留下来看管自己的孩子，这些卵会在自然的温度下孵化出小海龟。

　　一两个月后，我们会发现这些埋着卵的沙坑有了一些变化，沙子开始动了起来，小海龟孵化出来了。它们现在要做的，就是开启"龟生"最危险的旅行——从出生地到海里，这一路危机重重，很多小海龟被海鸟吃掉，只有一部分小海龟能够回到大海。

背着"房子"的寄居蟹

你有没有过这样的经历？当你去海边的时候，忽然发现一个小海螺在动，但是，你十分确定那个海螺内部已经空了，不是一只活着的海螺。那么它为什么忽然动了呢？如果这时你拿起小海螺就会发现，原来里面住着一只小螃蟹。

这种蟹叫作"寄居蟹"，顾名思义就是寄居在别人房子里的螃蟹。

寄居蟹的房子有时候是海螺，有时候是贝壳，这些"别人的房子"有可能是它捡的，也有可能是它吃了原房主抢过来的。

当然，一只寄居蟹不可能一辈子就住一个房子，因为它的身体会慢慢长大。当小房子让它住得不舒服时，它会从"一居室"换成"大别墅"。真是一个贪心的家伙。

当寄居蟹抢别人的"房子"时，它会用自己的螯子把原主人的身体从壳里撕裂拖出来。抢到新"房子"后，它就会抓住壳慢慢地盖在自己的身上，再用尾巴钩住并固定壳，最后，它背着新换的房子开始流浪。

不过，有时候海里会沉入一些奇怪的垃圾，它们也有可能背上一个酒瓶盖或者其他东西。它们不在乎房子是否美观，主要是用房子来保护自己。

身体超柔软的贝类

贝类是有壳的软体动物的统称，我们常见的贝类多是软体动物中的腹足类和斧足类。腹足类是利用腹部肌肉移动的软体动物，有的生活在水中，有的生活在陆地，如田螺、海螺、鲍鱼等；斧足类没有头部，身体由两片外壳包裹，长着像斧头一样的"扁平足"，如河蚌、牡蛎等。

某些贝类，如蛤蜊、贻贝等，具有一种能够分泌某种液体的腺体，这种液体和海水接触后就会硬化成结实的"丝线"，这些"丝线"被称为"足丝"。足丝主要用来帮助这些贝类保持稳定，以免被海水冲走。

贝类不仅需要足丝固定住自

己，还需要坚硬的外壳保护自己柔软的身体。比如，河蚌就长有蚌壳。蚌壳是由外套膜（包裹着软体动物身体的膜，起保护作用）分泌的物质生成，它们可以持续生长，即便蚌壳受损，也能够重新长起来。

当河蚌的蚌壳和外套膜之间出现异物的时候，外套膜就会分泌出一种名为"珍珠质"的物质将异物层层包裹起来，随着时间的推移，异物上珍珠质的包裹层会越来越厚，逐渐长成圆形、椭圆形、异形等各种形状，这就是我们熟知的"珍珠"。

那些长相奇怪的海洋生物

眼睛长在同一侧的比目鱼，奇妙的鹦鹉螺和水母，生活在海里的"马"和"兔"……这些奇特的生物，正向我们展示着海洋世界妙趣横生的一面。

双眼长在一侧的比目鱼

比目鱼，和普通的鱼不太一样，它是侧着游，朝下的一方没有眼睛，朝上的一方有两只眼睛。

这样奇怪的长相，让古人产生很多浪漫的想象。他们觉得这种鱼一只是活不了的，需要另外一只和它贴在一起，形成一个整体，才能像正常的鱼一样生活。这种双生共生的样子让古人觉得这才是有情人应有的样子，彼此是对方的另一半，感叹"得成比目何辞死，愿作鸳鸯不羡仙"。

但是，比目鱼并不是一出生就是这个样子。在还是小比目鱼的时候，它也是正常的模样。只不过在生长的过程中，它全身的结构逐渐变化，眼睛"挪动"起来，最终长成了现在的模样。

体内有"卧室"的鹦鹉螺

在亚热带、热带的海底，生活着一种古老的生物——鹦鹉螺。

这是一种头足类生物，它长着如同螺一样的壳，头部的位置长着非常多的触手，它主要靠这些触手在海水中前行。遇到危险的时候，鹦鹉螺就会把身体缩进壳内，然后紧紧地合住触手，以此来保护自己。

鹦鹉螺的身体内有许多"小室"，最大的一个在末端，主要用来居住，也就是鹦鹉螺的卧室，称为"住室"。其他小室称为"气室"，主要用来贮满空气，气室之间还有相连的管道，用来调节气室内的气体。

水母：柔软、透明的"伞"

水母是一种奇妙的海洋浮游生物。

它们主要生活在温带、热带、亚热带的海洋中，身体九成以上都是水，它们有柔软的身体和触手，色彩各异、形态不一。水母的身体就像一把可以开合的伞一样，一张一合，让它在水中前行。

水母的身体是一种柔软的半透明状的胶质物。水母漂浮在海水之中，看似无害，实则在它们的触手上生长着一些刺细胞，这些刺细胞能够释放有毒液体，要是人不小心碰到了，也会痛到难受。

水母的身体还能够发光，这是因为它的身体里含有一种叫作埃奎林的蛋白质，这种蛋白质越多，发的光就越强。

生活在海里的"马"

海马，是一种小型海洋生物，因头部酷似马头而得名。

海马其实是一种鱼类。它的头部几乎垂直于身体。它的眼睛很有意思，可以上下、左右、前后转动，全方位地观察周围的环境。它的嘴巴则像一根管子，通过这根"管子"，它能吸食一些水中的小动物。它的腹部圆滚滚的，尾巴则呈卷曲状。

海马的身长一般为5～30厘米，它既能自己游动，也能附着在海藻或其他物体上。

海马有一个很有意思的习性，那就是海马宝宝是从海马爸爸的"肚子"里孵化出来的。这是因为雄性海马长着育儿囊，每到繁殖期，雌性海马就会把卵产在雄性海马的育儿囊内。经过五六十天的孵化，小海马们就被海马爸爸从育儿囊中喷出来了。

会变色的海兔

海兔，听到这个名字的时候，你是否会有疑问呢？海里还能有兔子？

其实，海兔并不是真的生活在海里的兔子，而是一种软体动物。不过，它身上长着一对触角，这对触角很像兔子的耳朵，才被称作"海兔"。

海兔还可以变色，它身体的颜色和它吃什么有关。海兔是吃海藻的，海藻的颜色各有不同，吃了红色的海藻，它的身体就会呈现红色，吃了绿色的海藻，它的身体又会变成绿色。

按理说，这种软软的小东西攻击性应该不强。但是，当海兔受到攻击的时候，它表现出来的战斗力却并不弱。

当受到刺激的时候，它会"吐"出一种紫红色液体，当周围的海水变色的时候，它就可以趁机逃跑。这一点很像墨鱼。

每只海兔都兼具雌雄两性。它们会产出一条粉色或橙色的含有卵的"线"，与周围的植被缠在一起形成卵块。其中既没有被吃掉也没有被破坏的幸运儿会孵化成幼虫，幼虫成长为成熟的个体后，就会向岸上迁移产卵，开始下一个生命循环。

第 2 章

两极的原住民

企鹅日记

帝企鹅、王企鹅、帽带企鹅、阿德利企鹅、巴布亚企鹅……
这些可爱的小家伙们，如何繁衍生息，如何饮食、活动，以及它
们都有哪些好玩的小故事呢？

憨态可掬的企鹅

在南极，有一种憨态可掬的动物——企鹅。
企鹅的黑白两色分布十分有趣，它的肚子是
白色的，后背和两臂是黑色的，就像穿
上了一件燕尾服。企鹅走起路来，左右
摇摆，非常可爱。

从企鹅的整体造型来看，它像是一只鸟，
只不过，这只"鸟"长得比较肥壮，翅膀也
比较小。企鹅不会飞，它疾驰的速度也比不
上猎豹。不过，生活在南极的企鹅能够在冰
上"飞翔"，也就是滑行。

在南极，会出现这样的景象：一只企鹅
摇摇摆摆地走着，后面跟着几只企鹅。冰面
的不远处就有海水，那里应该是这群企鹅常

来的一处"食堂"。海水上面虽然还浮着一些零零碎碎的冰片，但是这并不影响企鹅在海水中"狩猎"。只见那只领头的企鹅没走几步，忽然身体前倾趴在冰面上，然后顺着冰面一路滑行，最后直接冲进了海水中，后面的企鹅跟随着滑入水中。入水的企鹅立刻变得十分灵活，它们在水中游泳的速度非常快。企鹅会捕食虾或者鱼，捕猎的时候它们也会时刻保持警惕，避免成为别人的盘中餐。

　　这个看似安静的冰雪世界，其实也遵循着残酷的丛林法则。

大块头帝企鹅

生活在南极的帝企鹅，从长相上看和大多数企鹅没有太多不同，都是穿着"黑色燕尾服"，但是，它脸的两侧及脖子处有金黄色的毛发。

帝企鹅的体型在所有企鹅中是最大的，成年帝企鹅可以长到 1 米左右。在企鹅世界里，帝企鹅这种身高是当之无愧的"帝王"了。

帝企鹅这个大块头，身上肥厚的"肉"可是有重要作用的，那就是在南极寒冷的气候中为自己和孩子保暖。帝企鹅妈妈生下蛋之后，就要徒步去远方的海洋补充食物。帝企鹅妈妈离开的时候，帝企鹅爸爸开始孵蛋。它们把蛋垫在脚掌上、压在肚皮底下，它们的肚皮柔软而温暖，是保护企鹅蛋的一条"暖和被子"。帝企鹅爸爸会在寒风之中孵化企鹅蛋，一动不动，整整

60 多天不吃东西。小企鹅孵化出来后，帝企鹅爸爸的体重会减少40%。帝企鹅妈妈吃得膘肥体壮后，会成群结队地赶回来，找到帝企鹅爸爸，接过刚刚出世的企鹅宝宝，担起养育后代的责任。这时便轮到爸爸们出去补充能量了。帝企鹅宝宝没办法自己捕鱼捕虾，只能靠成年帝企鹅喂养，它们直接从父母的嘴里取食已经消化好的食物。

但是，帝企鹅孵蛋的时候十分容易出意外，也就是说，不是所有企鹅蛋最终都能孵化出企鹅宝宝。

像帝企鹅的王企鹅

王企鹅，虽然比帝企鹅稍小一些，但也是企鹅里比较高大的。在企鹅家族中，只有帝企鹅和王企鹅的身高可达1米。

王企鹅和帝企鹅的长相有些相似，不过，王企鹅头上有橘黄色的斑块，嘴下和胸下有黄色羽毛，喙要比帝企鹅更尖更长。

王企鹅在孵蛋的时候，没办法像帝企鹅那样全权交给企鹅爸爸，而是爸爸妈妈轮流孵蛋，这是因为它们生活的环境要比帝企鹅更加恶劣。因为面临的危险实在多，小王企鹅孵化出来之后，就要学会团结合作保护自己，这些小家伙会聚集在一起，抵御贼鸥和巨鹱。

"戴着帽子"的帽带企鹅

帽带企鹅，是不是一个很有意思的名字？为什么这种企鹅会被这样命名呢？这是因为在它们的羽毛上，从两颊到下巴的位置有一条黑色的线，就像戴着一顶有帽带的帽子。因此这种企鹅的辨识度很高。相对于帝企鹅和王企鹅来说，帽带企鹅轮廓更加圆润，喙的形状更钝。帽带企鹅这个"小胖子"摇摇晃晃地走着，要是遇上路面不平的地方，就跳一下、蹦一下，非常可爱。

帽带企鹅会用小石子筑巢。它们一般会从山下找来小石子，一颗一颗衔到山上，每捡一颗小石子，就需要山上山下来回跑一趟。为了建好自己的家，帽带企鹅真是不辞辛劳呀！

　　乍一看，帽带企鹅好像偏棕色，仔细观察，你就会发现它们身上的颜色很丰富。它们的后背偏黑色，这样，当它们游入海中的时候，黑色的背会融入暗色的海水中，不容易被天空的捕食者发现。

　　它们的肚皮是白色的，犹如照耀在海面上的光斑，海水中的捕食者也不容易发现它。

　　帽带企鹅身上的颜色还能起到保护的作用，真神奇。

一只孤独的阿德利企鹅

企鹅的种类很多，除了前面提到的帝企鹅、王企鹅、帽带企鹅，还有阿德利企鹅、巴布亚企鹅等。

阿德利企鹅，可能是我们在电视、手机、图书上见到的最普遍的企鹅形象，它们身上是泾渭分明的黑白两色，长着一个小尾巴，是正宗的"燕尾服"。它们个头不是很高，大概70厘米，圆溜溜的大眼睛瞪着，看上去有些呆萌。

据说，阿德利企鹅这个名字可能源自一位法国探险家的妻子之名。这位探险家发现了这种类型的企鹅，就用自己妻子的名字"阿德利"为之命名。

阿德利企鹅和帝企鹅一样，主要生活在南极洲海岸的冻土和浮冰上。它们很喜欢在海边沐浴着阳光玩乐，当太阳落下的时候，有些阿德利企鹅还会去追赶太阳。它们也会为了哺育下一代出海捕鱼。

每一年，企鹅在筑巢地和海洋之间都有一场旅行。大多数企鹅都十分清楚这场旅行的目的地和意义。但是，也有一些独特的个体。

2006年，纪录片导演维纳·赫佐格在南极的罗德斯角拍到了一只企鹅。

这是一只阿德利企鹅，它正朝着远方走去，它所走的路面是一片雪白的陆地，远处，是依稀可见的冰山。企鹅的"旅行"一般都是集体性的，因为大家来回的方向都差不多，时间也差不多。但是，这只阿德利企鹅的身边并没有同伴，即便偶尔出现几只，也和它的方向完全不同。这只阿德利企鹅摇摇晃晃地走着，从其他阿德利企鹅的路径来看，它既不是前往海洋方向去捕食，也不是前往回家的方向。它到底要去哪里呢？它为什么要朝着远山行进呢？它到底是迷路了，还是有其他目的呢？这些疑问到现在依旧是个谜。

对于这只阿德利企鹅来说，只有一个结局是十分确定的，它会死在前往远山的路上。饥饿、风雪的侵袭、天敌……在这条路上，它面对的是太多未知的危险。

纪录片中所说的那只走向远山的阿德利企鹅，并不是只此一只，有人说它们是体内"导航"出问题导致迷路了……曾有人将这样的企鹅掉转方向，让它们能够走上正确的道路，但最后它们又返回了原路。

动物的世界和人类的世界一样，总有一些复杂而奇妙的东西。

白眉毛的巴布亚企鹅

　　在企鹅界，如果按体型排名的话，第一名是帝企鹅，第二名是王企鹅，那么，第三名就是巴布亚企鹅。巴布亚企鹅有一个非常明显的标志，那就是"白眉毛"。巴布亚企鹅的眉头长了一处白色条纹，这个白色条纹一直延伸到头顶位置，所以它也被称为"白眉企鹅"。巴布亚企鹅也被称为"企鹅中的绅士"，这或许和它沉稳安静的性格有关。

巴布亚企鹅非常胆小，当在浅海的地方遇到人类时，它们离得远远地就开始警戒，一旦发觉对方走进了自己的安全范围，就立刻逃开。英国报道过一只在海岸边的巴布亚企鹅，那只企鹅或许因为年纪太小，或许是因为天生性格更加谨慎，当它刚朝大海走上几步的时候，一个海浪涌了上来，海浪很小且没有挨着它的边儿，它却急忙扇动着小翅膀，跑开了。这一幕也是巴布亚企鹅可爱性格的佐证。这只小巴布亚企鹅后来还想在海里游泳，但最终放弃了。

　　巴布亚企鹅不仅可爱，还是出色的"捕手"，为了捕食，它甚至能够潜入水下 100 米的地方。而它的食谱也带有鲜明的极地特色，如乌贼、鱼类、磷虾等。相对于主要以磷虾为食的企鹅种类，巴布亚企鹅这种更多元的食物摄取方式，让它们更有生存优势。

"北极霸主"——北极熊

在北极，有一种动物身躯庞大，力量惊人，堪称北极陆地上的霸主。它们经常栖息于冰盖之上，寻找海豹、鱼类、鸟类和其他小哺乳动物为食。而在漫长的寒冬中，它们会选择"宅"在家里，等来年春季再逐渐恢复"室外活动"。

它们是谁？它们就是北极熊。

力量型选手——北极熊

说到北极，有一种动物不得不提，那就是北极熊。

北极熊是目前陆地食肉动物中体型最大的，完全站立起来将近3米。北极熊的毛皮之下是一层厚厚的脂肪，这层脂肪可以保护它免遭低温环境的侵袭。所以，北极熊可以行走在雪地之上，还可以潜入冰层之下捕捉猎物。

相对于棕熊而言，北极熊显得憨态可掬，胖嘟嘟的身体，圆溜溜的眼睛，尤其是北极熊宝宝在冰川上玩耍的场景，让人感觉这种动物十分可爱。但是，事实真是如此吗？当然不是。北极熊的攻击力在陆地动物中名列前茅，成年雄性北极熊体重最高可达800千克。对于普通小动物而言，北极熊凭借体重就有巨大攻击优势。

北极熊主要猎食海豹。海豹在水中的游泳速度很快，但是，它会从冰层的气孔中出来透透气。这个时候，就是北极熊狩猎的好时机。

对于北极熊来说，海豹透气的时间并不一定是有规律的，所以，它需要等待。如果北极熊在陆地上看到海豹，它就静悄悄地藏在对方看不见的地方，尽量掩盖自己的气味和动作。等到海豹从气孔处露出脑袋，它便慢慢地靠近猎物，等对方进入自己的狩猎范围时，发动突然袭击。以北极熊时速 40 千米的速度，大多数情况下猎物无处可逃。

北极熊到底是什么颜色

生活在极地的北极熊也被称为"白熊"，那是因为它乍看是白色的。但是，北极熊真的是白色的吗？

其实，从远处看，北极熊的毛色并非纯白，而是接近乳黄色，所以曾经的苏格兰捕鲸者将其称为"棕仙"。

这种毛色在纯白的雪地中比较显眼，但在极地的黄冰（冰块呈现黄色是因为冰块中混合了微小的硅藻）中却是很好的保护色。

北极熊的毛色也不是完全不变，幼崽时期它们的毛色会偏白，而在冬末、春季也会比其他季节白一些。

从近处看，北极熊的每一根毛都是中空的，偏透明色，像是一根根小管子；而这层毛下的皮肤其实是黑色的，人类肉眼可见的北极熊的黑色包括它的耳朵、鼻子和爪子。

奇趣雪地生灵

　　一只雪海燕飞翔在极地琼宇中，一只北极狐奔跑在雪地枯草上，一群磷虾如光带一样"漂"在冰冷的海水里……这些美妙的生物，正抒写着极地世界的热闹与宁静。

飞翔在极地天空的雪海燕

　　在南极洲大陆、南极半岛和布韦岛上生活着一种海燕，名叫雪海燕。雪海燕的特征非常明显，它一身雪白，同时有着黑色的鸟喙，还有一双圆溜溜的黑眼睛。

　　雪海燕个头不大，动作灵敏迅捷，当它直冲海面的时候如同闪电一样快。它主要以磷虾为食，也会吃一些小鱼和乌贼。在南极的鸟类中，雪海燕可说是南极天空的土著居民。

毛茸茸的北极狐

除了前面说过的企鹅和北极熊，极地还有很多动物能够适应低温、少食的环境。

可以想象一下：茫茫白雪之上，放眼望去，除了一片雪白，什么都没有。忽然，不远处，有一团白雪动了起来。走近一看，根本不是白雪，而是一团雪白的皮毛，再仔细一看，原来是一只北极狐。

北极狐长着厚实的白毛，一步一步走在雪地之上，动作十分谨慎，鼻头贴着雪面动了动，好像在闻什么味道，耳朵也离地面很近，似乎在听动静。过了一会儿，它忽然猛地跳起来，头朝下、前爪朝下栽进了厚厚的雪堆里。雪太厚了，将它的部分身体都淹没了。

但是，这只北极狐后脚弹了弹，就从雪层里出来了，嘴里还叼着一只旅鼠。原来，它是在捕捉猎物啊！它之前的谨慎，就是为了听雪下的声音，判断猎物到底在哪个位置。

　　北极狐雪白而蓬松的毛皮是天然的保护色，冬天时是雪白色，到了夏天就变成了深灰色，让它可以轻易且迅速地融入周边的环境，不让猎物或者敌人发现。北极狐吃的东西很杂，有时候，它会找一些浆果吃；有时候，它会吃一些鱼、虾、贝类。北极兔或者旅鼠对它来说就是一顿美餐。

磷虾：发光夜行者

磷虾也叫"南极虾"，它的身体偏透明，多数磷虾都有能够发出磷光的发光器，所以得名"磷虾"。同时，磷虾还是夜行者，它们喜欢聚集在一起，于夜晚到来之时出现在海面，直到太阳出来时再潜入深处。所以到了晚上，成群结队的磷虾群会形成一片荧光带，非常美丽。

在南极洲，浮游植物和磷虾是食物链的底层，比如，鱼类吃磷虾，乌贼吃鱼类，企鹅吃乌贼，海豹、鲸鱼等吃企鹅。

同时，磷虾对于蓝鲸、座头鲸和其他许多巨型鲸类来说也是受欢迎的美食，而这些鲸类捕食磷虾的方式也非常壮观。

比如，蓝鲸捕食磷虾时，会先找到最密集的磷虾群，一次性吞入大量磷虾和海水，之后通过挤压腹腔和舌头将海水从鲸须板挤出。一头蓝鲸一天可以吃掉 4000 万只磷虾。

而大翅鲸捕食磷虾的方式更有趣，一群大翅鲸一起在海中吐出螺旋状的气泡网，气泡网将磷虾、鱼类聚集起来并困在其中，等时机成熟时大翅鲸就将磷虾群和鱼类群一口吞下。

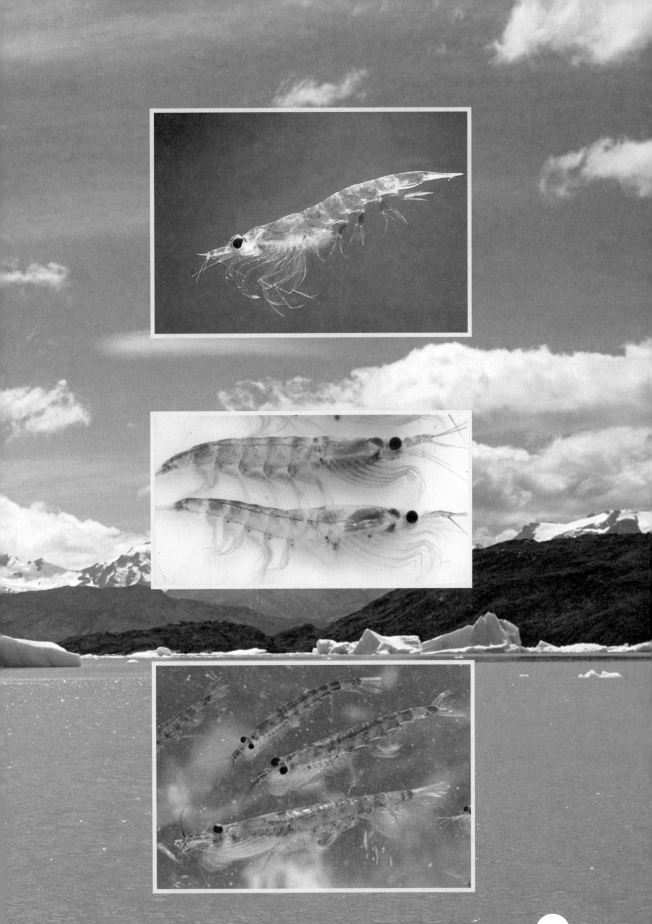

图书在版编目（CIP）数据

海洋两极遇见你/《让孩子看懂世界》编写组编著.
—北京：石油工业出版社，2023.2
（让孩子看懂世界的动物故事）
ISBN 978-7-5183-5682-9

Ⅰ.①海… Ⅱ.①让… Ⅲ.①水生动物—海洋生物—
青少年读物②极地—动物—青少年读物 Ⅳ.①Q95-49

中国版本图书馆CIP数据核字（2022）第186490号

海洋两极遇见你
《让孩子看懂世界》编写组　编著

出版发行：石油工业出版社
　　　　　（北京市朝阳区安华里2区1号楼　100011）
网　　址：www. petropub. com
编 辑 部：（010）64523616　64523609
图书营销中心：（010）64523633
经　　销：全国新华书店
印　　刷：三河市嘉科万达彩色印刷有限公司

2023年2月第1版　　2023年2月第1次印刷
787毫米×1092毫米　开本：1/16　印张：4
字数：35千字

定价：32.00元